LEVEL
1

KB197100

사이언스 리더스

개미는 바빠!

멀리사 스튜어트 지음 | 송지혜 옮김

비룡소

멀리사 스튜어트 지음ㅣ 미국의 유니언 대학교에서 생물학을 전공하고, 뉴욕 대학교에서 과학언론학으로 석사 학위를 받았다. 어린이책 편집자로 일하다가 현재는 아동 과학 분야의 작가로 활동하고 있다.

송지혜 옮김ㅣ 부산대학교에서 분자생물학을 전공하고, 고려대학교 대학원에서 과학언론학으로 석사 학위를 받았다. 현재 어린이를 위한 과학책을 쓰고 옮기고 있다.

내셔널지오그래픽 키즈 사이언스 리더스
LEVEL 1 개미는 바빠!

1판 1쇄 찍음 2024년 12월 20일 1판 1쇄 펴냄 2025년 1월 15일
지은이 멀리사 스튜어트 옮긴이 송지혜 펴낸이 박상희 편집장 전지선 편집 최유진 디자인 김연화
펴낸곳 (주)비룡소 출판등록 1994.3.17.(제16-849호) 주소 06027 서울시 강남구 도산대로1길 62 강남출판문화센터 4층
전화 02)515-2000 팩스 02)515-2007 홈페이지 www.bir.co.kr 제품명 어린이용 반양장 도서 제조자명 (주)비룡소
제조국명 대한민국 사용연령 3세 이상 ISBN 978-89-491-6902-6 74400 / ISBN 978-89-491-6900-2 74400 (세트)

사진 저작권 Cover: © George B. Diebold/Corbis; 1, 6-7, 28 (inset), 30 (inset): © Shutterstock; 2: © Jason Edwards/
National Geographic/Getty Images; 4-5, 26: © Christian Ziegler/Minden Pictures/National Geographic Stock; 8, 16 (inset),
16-17, 22-23 (bottom), 24 (inset), 32 (top, left), 32 (bottom, left): © Mark Moffett/Minden Pictures; 9, 10: © iStockphoto;
10 (inset): © Robert Sisson/National Geographic Stock; 11: © De Agostini Picture Library/Getty Images; 12 (inset): ©
Satoshi Kuribayashi/Minden Pictures; 13: © Michael & Patricia Fogden/Corbis; 14: © Dong Lin, California Academy of
Sciences; 18, 32 (top, right): © Mark Moffett/Minden Pictures/National Geographic Stock; 19: © Koshy Johnson/OSF/
Photolibrary; 20-21: © Meul/ARCO/Nature Picture Library; 21 (inset): © George Grall/National Geographic/Getty Images;
22: © Ajay Narendra, Australian National University, Canberra; 22-23 (top): © Carlo Bavagnoli/Time Life Pictures/Getty
Images; 23: © Nghangvu/Pixabay; 24 (background): © Piotr Naskrecki/Minden Pictures; 25, 32 (bottom, right): © Visuals
Unlimited/Corbis; 26 (inset): © Piotr Naskrecki/Minden Pictures/National Geographic Stock; 28: © Clive Varlack; © John
La Gette/Alamy.

이 책의 차례

여기도 개미, 저기도 개미!.............4

개미의 집은 어디일까? 8

나는야 앤트맨!.....................14

알에서 개미까지 16

일개미가 하는 일 18

개미의 비행 20

최고의 개미를 찾아라!.................22

냠냠 쩝쩝, 맛있게 먹어 볼까?..........24

대단한 생태계 지킴이.................30

이 용어는 꼭 기억해!.................32

여기도 개미, 저기도 개미!

전 세계에 얼마나 많은 개미가 살고 있게?

100마리? 1000마리?

무려 **10,000,000,000,000,000마리가**

넘어!

어때? 엄청나지?

공원이나 숲에 가서 발밑을 잘 둘러봐.

개미를 쉽게 만날 수 있을 거야.

우리가 걷는 길 아래에도 개미가 살고 있지.

개미는 정말 어디에나 있거든!

10,000,000,000,000,000은
10을 16번 곱한 수야.
1경이라고 읽어.

개미는 아주 부지런히 움직이는 곤충이야.
개미에게 얼마나 놀라운 능력이 있는지
가까이에서 살펴보자.

개미는 허리가 잘록해서 개미집의 좁은 통로도 슝슝 잘 지나가.

튼튼한 다리 여섯 개로 여기저기 잘 걸어 다녀.

작은 눈이 여러 개 모여 이루어진 겹눈이
있어. 그래서 주변을 넓게 볼 수 있지.

힘센 턱으로 먹이를 우적우적 씹어 먹어.

길고 가는 더듬이로 냄새를 맡고 먹잇감을 찾아.

이 개미는 홍개미야. 홍개미는
온몸에 연한 노란색의 털이 나 있어.

개미의 집은 어디일까?

다른 많은 개미들과 달리 군대개미 무리는 한곳에
머물러 살지 않아. 시간이 지나면 다 함께 자리를
옮겨서 새로운 집을 짓고 살지.

길을 걷다 개미 한 마리를 본다면 주변을
잘 살펴봐.
한 마리, 두 마리, 또 세 마리,
아니 네 마리!
훨씬 많은 개미를 찾을 수 있을 거야.

개미는 큰 **무리**를 짓고 살거든.
수백만 마리가 함께 모여 살기도 해.

개미 용어 풀이

무리: 사람이나
동물 등이 함께 모여 뭉친 것.

개미 무리는 다 함께 **개미집**을 짓고 살아.

개미굴 또는 개미둥지라고 부르기도 해.

개미집은 거의 다 땅속에 있어.

집 안에는 알쏭달쏭 미로 같은 통로가 아주

많지. 그 통로를 따라가면 작은 방들이 여러

개 나와.

유난히 크고 길쭉한 턱을 가진 불독개미야.
불독개미가 방에서 개미 알을 돌보고 있어.

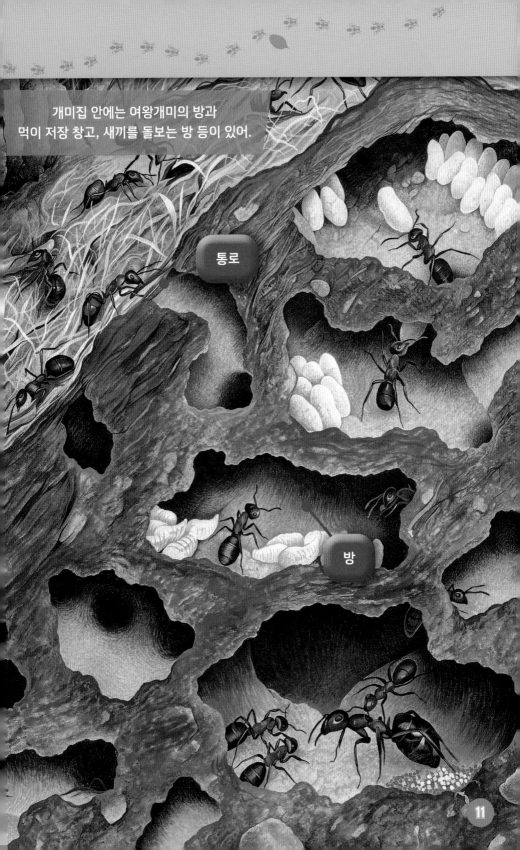

개미집 안에는 여왕개미의 방과
먹이 저장 창고, 새끼를 돌보는 방 등이 있어.

통로

방

기니개미는 돌이나 통나무
아래에 집을 짓고 살아.

모든 개미가 땅속에 집을 짓는 건 아니야!

어떤 개미들은 속이 빈 가시 안이나

좁은 바위틈,

썩은 나무에서 살기도 해.

나뭇잎으로 집을 짓는 개미도 있지.

베짜기개미는 나뭇잎을
엮어서 나무 위에 집을 지어.

나는야 앤트맨!

곤충학자는 개미와 같은 곤충이 어떻게 태어나고 살아가는지 연구하는 사람이야.

여기에서는 세계적인 곤충학자,
브라이언 피셔를 소개할게!
피셔 박사는 늘 새로운 개미들을 찾아다녀.
그래서 '앤트맨'이라는 별명이 붙었지!

피셔 박사는 지금까지 무려 1000종이 넘는
개미를 발견했어.

그래도 아직 더 많은 개미를 찾고 싶대!

알에서 개미까지

알을 낳는
여왕개미야.

번데기를 돌보는 건
일개미들이야.

여왕개미는 암컷 개미야. 무리에서 몸집이

가장 크고, 알을 낳을 수 있어. 여왕개미가

낳은 알이 **부화**하면, 작은 **애벌레**가

꿈틀거리며 나와. 꼭 벌레처럼 생겼지.

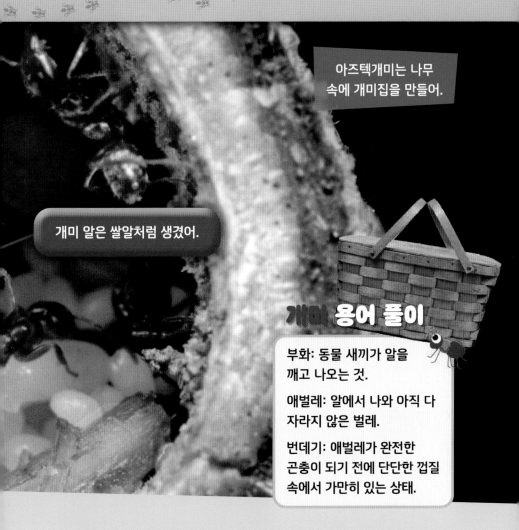

아즈텍개미는 나무 속에 개미집을 만들어.

개미 알은 쌀알처럼 생겼어.

개미 용어 풀이

부화: 동물 새끼가 알을 깨고 나오는 것.

애벌레: 알에서 나와 아직 다 자라지 않은 벌레.

번데기: 애벌레가 완전한 곤충이 되기 전에 단단한 껍질 속에서 가만히 있는 상태.

애벌레는 하루 종일 먹고 또 먹어. 약 일주일 정도 배를 맘껏 채우고 **번데기**가 되지. 번데기는 움직이지도 먹지도 않아. 그 상태로 몇 주를 보내면 개미가 돼!

일개미가 하는 일

개미 무리는 거의 일개미로 이루어져 있어.

일개미는 모두 암컷이지. 이 수많은

일개미들은 무슨 일을 할까?

개미집 안에서

몇몇 일개미들이 새로운 통로를 만들어. 알과

애벌레, 번데기를 돌보는 일개미들도 있지.

불독개미가 애벌레를 돌보고 있어.
애벌레에게 먹이를 주고, 몸도
깨끗이 닦아 주지.

애벌레

베짜기개미 무리가 힘을 합쳐 먹잇감 사냥에 성공했어! 이제 먹잇감을 개미집으로 들고 갈 거야.

일개미

개미집 밖에서

먹이를 모으는 일개미와 집을 지키는
일개미가 있어.
어때? 일개미는 이름처럼 정말 많은 일을
하지?

개미의 비행

고동털개미의 여왕개미야. 고동털개미는
우리나라에서 쉽게 볼 수 있는 개미 중 하나지.

목수개미의 결혼식 날이야! 수컷 목수개미들이
여왕개미와 짝짓기를 하기 위해 모여 있어.

혹시 날아다니는 개미를 본 적 있어?
개미는 무리에서 몇몇 암컷과 수컷만이
날개가 있어.
이 개미들만 짝짓기를 할 수 있지.

날개 달린 개미들은 5~6월이 되면 짝짓기를
하려고 집 밖으로 날아올라!

최고의 개미를 찾아라!

어푸어푸 수영 선수

수영할 수 있는 개미는 물개미뿐이야.
물 위를 걷거나 물속 깊이 잠수할 수도 있지.
주로 바닷가나 물속에서 자라는 나무
가까이에서 살아.

최고의 알 부자

아프리카군대개미의 여왕개미는 1년에
무려 5000만 개의 알을 낳아.

개미계의
천하장사

베짜기개미는 자기
몸무게보다 100배 더 무거운
물건을 들어 올릴 수 있어.

눈 깜짝할 새에
덥석 대마왕

덫개미는 무려 시속
230킬로미터의 속도로
턱을 닫아 먹잇감을 깨물어.
전 세계 동물 중에서 가장
빠르지!

냠냠 쩝쩝, 맛있게 먹어 볼까?

많은 개미들이 다른 곤충을 잡아먹어.

죽은 동물을 먹는 개미도 있지.

스스로 기른 먹이를 먹고 사는 개미도 있어.

이 주인공은 바로 잎꾼개미야.

잎꾼개미는 버섯을 길러서 먹어. 개미집 안에

버섯 농장이 있대!

버섯 농장에서 버섯은 잎꾼개미가 잘라 온
나뭇잎을 먹고 자라. 잎꾼개미는 잘 자란
버섯에서 몸에 필요한 영양분을 얻지.

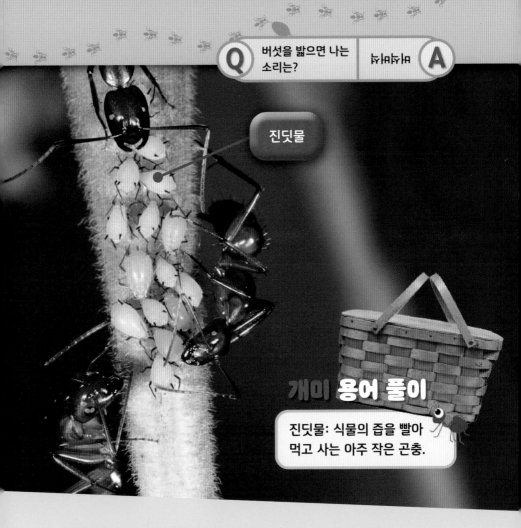

진딧물

개미 용어 풀이

진딧물: 식물의 즙을 빨아 먹고 사는 아주 작은 곤충.

개미는 무당벌레가 진딧물을 먹지 못하도록 보호해 주기도 해. 대신 진딧물의 꽁무니에서 나오는 단물을 먹지. 음, 맛있다!

무당벌레의 먹이는 진딧물이야. 그래서 진딧물을 보호하는 개미와 사이가 좋지 않아.

군대개미는 낫처럼
생긴 큰 턱이 있어.

군대개미는 매일 먹이를 사냥하러
돌아다녀. 무리 지어 다니는 모습이 꼭
움직이는 마법 양탄자 같지.

군대개미 무리는 거리의 무법자야.
가는 길을 막는 모든 것을 쏘고 물어
버린다니까!
다른 곤충, 거미, 도마뱀, 심지어 새끼
새까지 군대개미에게 목숨을 잃곤 해.

군대개미 무리는 높은 곳에 있는 먹잇감도 사냥해!
자기들끼리 기둥처럼 몸을 엮어서 먹잇감이 있는 곳까지
다가갈 수 있거든.

우리나라에는 2017년부터
붉은열마디개미가 발견되고 있어.

군대개미만큼 정말 사나운 개미가 또 있어.
그 이름은 바로 붉은열마디개미!

붉은열마디개미는 다른 곤충이나 동물,
심지어 사람에게도 독이 든 침을 쏴.
독침에 쏘이면 불에 덴 것처럼 아프고 엄청
가렵지.
붉은열마디개미한테 쏘여 죽은 사람도 있어.

지금까지 전 세계에서 280종이 넘는
붉은열마디개미가 발견되었다고 해.

대단한 생태계 지킴이

개미는 **생태계**에서 아주 중요한 역할을 해. 우선 개미는 다른 동물의 먹잇감이 되지. 새, 개구리, 거미, 그리고 개미핥기와 땅돼지까지 개미를 무척 좋아한단다!

개미가 집을 지을 때 땅을 파는 것도 큰 도움이 돼. 흙이 골고루 섞이면서 땅속 깊이 들어간 산소와 물이 식물을 쑥쑥 자라게 하거든.

잎꾼개미는 집을 지을 때 흙을 엄청나게 파내. 어느 날 과학자들이 잎꾼개미 무리가 파낸 흙의 무게를 재어 봤어. 그랬더니 글쎄, 코끼리 여섯 마리를 합친 것만큼이나 무거웠대!

용어 풀이

생태계: 어떤 환경 안에서 사는 모든 생물과 무생물을 이르는 말.

무리
사람이나 동물 등이 함께 모여
뭉친 것.

애벌레
알에서 나와 아직 다 자라지 않은
벌레.

이 용어는
꼭 기억해!

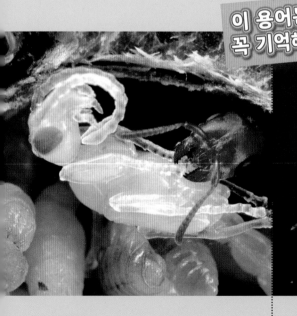

번데기
애벌레가 완전한 곤충이 되기 전에
단단한 껍질 속에서 가만히 있는
상태.

진딧물
식물의 즙을 빨아 먹고 사는 아주
작은 곤충.